CONSIDÉRATIONS

SUR

L'ACCLIMATEMENT

ET LA

DOMESTICATION.

CONSIDÉRATIONS

SUR

L'ACCLIMATEMENT

ET LA

DOMESTICATION,

EXPOSÉES DANS LE BUT DE DÉMONTRER L'IMPORTANCE DES JARDINS ET DES MÉNAGERIES D'ACCLIMATATION POUR LA PROPAGATION DES ANIMAUX ET DES PLANTES UTILES ;

PAR S. BERTHELOT,

SECRÉTAIRE GÉNÉRAL DE LA SOCIÉTÉ DE GÉOGRAPHIE ET ANCIEN DIRECTEUR
DU JARDIN D'ACCLIMATATION DE L'OROTAVA.

> Les meilleures races d'animaux et les bonnes variétés de fruits sont l'ouvrage de l'homme.

PARIS,

IMPRIMERIE DE BÉTHUNE ET PLON.

1844

AVANT-PROPOS.

A une époque où les bienfaits de la paix favori-
sent les progrès des grandes industries, il nous était
réservé de voir se réaliser une de ces entreprises
qui changent tout à coup la physionomie d'une
contrée, fertilisent le sol, accroissent ses produits et
deviennent une source féconde de prospérité et de
richesse. Telle est celle qui s'opère en ce moment :
les eaux de la Durance, conduites dans un canal de
plus de quatre-vingt-deux mille mètres de cours,
vont traverser treize communes. Une administration
vigilante, une habile direction président à ces gigantesques travaux ; le canal s'avance à travers mille
obstacles vaincus, et bientôt, comme une bienfai-
sante artère, il pénétrera dans la vallée de Marseille,
pour régénérer son terroir. Honneur et reconnaissance au conseil municipal qui a provoqué cette
belle et utile entreprise ! Fier d'appartenir à la
grande cité où le dévouement au pays se manifeste
d'une manière si louable, j'applaudis à une œuvre
dont les résultats doivent améliorer notre horticulture et lui imprimer un nouveau développement.

Celui de nos compatriotes qui s'est voué avec le
plus de succès à l'étude des intérêts publics, di-
sait naguère en parlant du canal de la Durance :
« Les projets d'amélioration formés pour l'avenir
» de Marseille seraient demeurés stériles, si l'on
» n'avait trouvé les moyens de procurer de l'eau à
» cette populeuse cité [1]. » En effet que manquait-il
à Marseille pour faire de son terroir un sol privilé-
gié, pour le mettre en harmonie avec les fécondes
influences d'un ciel propice ? Le bienfait des irri-

---

[1] M. J. Julliany, *Essai sur le commerce de Marseille*, t. III, p. 410.

gations, de ces sources de vie, qui, sous l'ardent climat de l'Espagne, ont converti la vallée de Valence en jardins délicieux, de ce système d'arrosement qui a fait des plaines de la Lombardie le pays le plus fertile et le plus productif de l'Europe. Le canal de la Durance répandra aussi la fertilité dans une des plus belles contrées de la France; par lui les produits du sol vont s'accroître et s'améliorer; un pays naturellement sec et aride sera transformé en une campagne féconde, couverte de riches cultures.

Mais le système d'irrigation qui va s'organiser sur une grande échelle dans tous les environs de Marseille, ne saurait répondre aux espérances, si l'horticulture et l'économie rurale, s'aidant des ressources et des enseignements d'un établissement central, n'en tiraient les éléments de leur future prospérité. C'est dans cette pensée que la fondation d'un *jardin d'acclimatation* me semble une entreprise opportune et qui viendra compléter celle du canal. Je voudrais que ce jardin offrît au public l'agrément d'un site champêtre orné de tout ce que l'art peut ajouter aux bienfaits du climat; qu'il servît à la fois de ménagerie pour la naturalisation des animaux, et de pépinière pour l'acclimatation des plantes. Berceau protecteur des espèces que notre sol adopterait, il serait particulièrement consacré à la propagation des races, et les essais de culture auxquels on se livrerait sur ce terrain d'expérience feraient apprécier les avantages des résultats, connaissance précieuse sans laquelle le cultivateur est incessamment exposé à des méprises désastreuses.

Un établissement fondé dans ces vues d'utilité publique et dirigé d'après les principes que je vais développer, méritera bien plus que l'admiration des hommes : leur reconnaissance lui sera acquise par les bienfaits dont il sera la source, et ce sentiment, comme un hommage du pays, remontera jusqu'à ceux qui se seront associés à la pensée de sa création.

Il est plusieurs sites aux environs de Marseille, et notamment entre la ville et le hameau de Mazargue, qui me paraissent réunir toutes les conditions désirables pour le succès de cette entreprise. J'indiquerais, par exemple, les terres qui bordent le *Prado*, vers les points où des coteaux assez élevés forment un abri contre les vents du nord-ouest. L'aménité du climat, la proximité d'une ville riche, populeuse, qui, par l'activité et le développement de son commerce, entretient des relations avec le monde entier; un terroir subdivisé en propriétés innombrables, tels sont les motifs qui me font préférer cette position. Sous le beau ciel de la Provence, la campagne est habitée une grande partie de l'année, et cette circonstance n'est pas moins en faveur de ma préférence, car depuis que la prospérité des temps est venue répandre l'aisance dans toutes les classes de la société, chacun à l'envi veut embellir l'agreste séjour dont il fait ses délices.

Lorsque tant d'esprits éclairés dirigent leurs méditations vers des applications industrielles si profitables à nos intérêts matériels, pourrait-on méconnaître que l'acclimatation des animaux et des plantes ne soit une entreprise digne d'être encouragée, une de celles dont on ne doive désirer l'accomplissement et propager les bienfaits? J'appelle donc de tous mes vœux sa prompte réalisation dans l'intérêt général et dans celui de ma ville natale en particulier. Les considérations sur lesquelles je m'appuie pour en démontrer l'opportunité sont de nature, je pense, à fixer l'attention des hommes qui veulent marcher avec le siècle dans la voie du progrès. A la vue de cette multitude de plantes classés méthodiquement dans nos jardins botaniques, le public se demande ce qu'il peut retirer de ce dispendieux étalage. Au lieu de se borner, comme on l'a fait, à l'exposition des produits exotiques, n'était-il pas plus avantageux de rechercher, parmi les végétaux d'origine étrangère, ceux qu'on pouvait acclimater pour les utiliser et les répandre au dehors? Ce que je dis ici des jardins botaniques s'applique aussi à ces ménageries où l'on a réuni à grands frais toutes sortes d'animaux amenés des contrées lointaines, et parmi lesquels il en est qui auraient pu nous fournir de bonnes races domestiques, si l'on s'était attaché à leur propagation. Le Jardin des Plantes de Paris concentre dans son vaste domaine toutes les conquêtes de la science, et d'importantes acquisitions restent séquestrées sous l'influence d'un ciel ingrat, dans une enceinte de quelques arpents, sans qu'il en sorte une racine fructueuse pour nos cultures, un arbre nouveau pour nos vergers ou nos bois, un animal utile pour nos fermes ou nos basses-cours.

Chaque siècle a ses besoins et ses tendances; depuis que le monde est ouvert aux investigations des savants, on est en droit de leur demander quelque chose de plus que des classifications et des systèmes. La science spéculative ne peut plus aujourd'hui se tenir retranchée dans ses abstractions; il faut qu'elle abandonne les hautes régions où elle s'isole pour descendre jusqu'à la pratique : les résultats de l'application témoigneront bien mieux de son importance que tous les raisonnements de la théorie.

CONSIDÉRATIONS

SUR

L'ACCLIMATATION DES PLANTES.

L'étude de la géographie botanique, appliquée à l'acclimatation des plantes, repose sur des principes que je résumerai succinctement :

Les végétaux des régions équinoxiales qui croissent sur les terres basses, voisines du littoral, peuvent, à partir de l'équateur, s'acclimater dans des expositions analogues jusque sous le 30ᵉ degré de latitude boréale ou australe, c'est-à-dire à une distance de 750 lieues de leur point d'origine. Ceux qui naissent sous les tropiques ne peuvent guère être transplantés avec succès au delà de 212 lieues vers le nord ou vers le sud, c'est-à-dire jusqu'au 36ᵉ degré, parce que les gelées se font sentir jusque-là dans l'un ou l'autre hémisphère. Du 36ᵉ au 50ᵉ degré tous les végétaux peuvent s'acclimater à 5 degrés de latitude plus au nord ou plus au sud de leur station primitive ; mais ceux que la nature produit sous le 50ᵉ bravent impunément la rigueur des frimas jusque sous le 60ᵉ. A partir de cette latitude, la végétation s'affaiblit d'une manière sensible et paraît appartenir exclusivement à la zone glaciale.

Je n'entends parler ici que de la portée plus ou moins expansive des plantes ligneuses, sous le rapport de leur acclimatation ; les plantes vivaces et les annuelles s'accommodent plus facilement à la différence du climat ; leur courte existence les préserve des rigueurs de l'hiver, car trois ou quatre mois de chaleur leur suffisent pour parcourir le cercle entier de la végétation. Les végétaux à bois dur et sec s'acclimatent aussi avec beaucoup plus de facilité : le goyavier, par exemple, donne de bons fruits et se propage sous le climat du Var, où il supporte des gelées de 3 à 4° sous zéro.

Beaucoup de plantes qui croissent dans la région montagneuse de la zone torride peuvent s'acclimater dans la zone tempérée, attendu que l'abaissement progressif de la température, suivant l'altitude du lieu où elles ont pris naissance, les assujettit à un climat d'autant moins chaud qu'elles se trouvent à des stations plus élevées sur la montagne. Chaque centaine de mètres de hauteur absolue abaissant la température d'environ un demi-degré du thermomètre de Réaumur, ce qui équivaut à un degré de la distance de la montagne au pôle, si l'on s'élève dans les régions les plus chaudes de l'Asie, de l'Afrique ou de l'Amérique jusqu'à 3,000 mètres au-dessus du niveau de la mer, on atteindra un climat souvent plus froid que celui de l'Europe australe. Il existe donc, sur les hautes montagnes de la zone torride, des zones de toutes les températures, et il en est d'analogues à celle de notre climat, c'est-à-dire où la répartition annuelle de la chaleur et du froid place les végétaux dans des conditions à peu près semblables à celles qu'ils rencontreraient dans nos contrées. Cette zone de température se trouve comprise entre 3,000 et 5,000 mètres d'élévation, et presque toutes les plantes qui y croissent peuvent s'acclimater sur notre sol. Une montagne de première grandeur, située dans la région chaude du globe, peut donc réunir sous la même latitude, à partir du niveau de la mer, la végétation des différents climats, et c'est en effet ce qui a lieu dans l'île de Ténériffe sur un très-petit espace.

Mais si la nature a ouvert une large voie à l'expansion des végétaux sur la surface du globe, il est une faculté qu'elle n'accorde que rarement aux plantes acclimatées qui croissent et prospèrent dans les lieux où elle ne les avait pas produites. C'est la spontanéité de reproduction qui détermine la naturalisation complète dans le sens le plus absolu. Cette faculté de se reproduire spontanément n'a lieu, à quelques exceptions près, que pour les plantes indigènes. Un végétal acclimaté donne des graines fécondes, mais elles ne germent naturellement que lorsque l'arbre ou la plante se sont entièrement naturalisés. La propagation d'une espèce étrangère ne s'effectue dans le lieu d'acclimatement que par des moyens artificiels. Il est rare qu'une plante exotique, surtout parmi les végétaux ligneux, acquière la spontanéité de reproduction, caractère distinctif des espèces régnicoles. C'est ce qui a fait dire avec raison que les végétaux introduits empruntaient le sol sans le posséder; ils peuvent s'*acclimater*, en s'accommodant au terrain et à la température, mais *ils ne se naturalisent pas*. La plupart des arbres étrangers que nous possédons sont dans ce cas; ils ne peuvent se propager d'eux-mêmes : après la dissémination naturelle, leurs fruits ou leurs graines se dessèchent et pourrissent sur place : pourtant la faculté germinatrice n'est pas éteinte en eux, mais cette vertu innée a besoin d'autres stimulants pour les faire croître; les ol d'emprunt qui les reçoit n'est pas à leur température et ne peut les couver dans son sein. Ces semences réclament un terreau préparé par une combinaison chimique, qui seule est capable d'en développer le germe et de le lancer dans la vie. Ainsi, par les soins d'une habile culture, on s'est procuré ces excellentes variétés de fruits si remarquables par leur volume, leur couleur et leur saveur, mais, comme jalouse de ses droits, la nature refuse souvent à ces mêmes fruits la faculté de se reproduire de graines [1], et ne l'accorde qu'à ceux qu'elle crée elle-même sans artifice et par sa seule volonté.

Cela posé, je passe à d'autres considérations plus importantes sur l'acclimatation des plantes, en commençant par quelques remarques sur les céréales et d'autres végétaux utiles, dont l'agronomie et le jardinage retirent aujourd'hui de grands avantages.

Le blé, le riz, le maïs et la plupart des végétaux les plus nécessaires à notre nourriture sont cultivés de temps immémorial; on ne les retrouve nulle part à l'état primitif sur la surface du globe, et ce fait s'appuie sur l'observation des botanistes les plus accrédités. Les céréales comestibles ont été tellement modifiées par la culture, qu'il est maintenant impossible de reconnaître leurs types originaux ou, en d'autres termes, les espèces naturelles d'où sont provenues celles que nous cultivons depuis des siècles. On ne peut donc préciser l'époque des premières tentatives faites pour améliorer et approprier aux besoins de la vie ces plantes nourricières; mais on connaît celle de l'introduction de quelques espèces dont la culture était restée exclusive à certaines contrées. Le riz, par exemple, nous a fourni,

[1] Les semences qui proviennent de nos meilleures variétés d'arbres fruitiers ne donnent ordinairement que des fruits sauvages. C'est un retour de l'espèce au type primitif.

il y a une trentaine d'années, une variété précieuse qui croît dans les terrains secs. Ce fut par les Philippines qu'elle parvint en Espagne des régions de l'Asie : cultivée d'abord dans le jardin d'acclimatation de San Lucar, elle passa de là dans celui de Madrid, et les semences s'en répandirent ensuite en France et en Italie. Le maïs, que les Chinois possédaient depuis long-temps, était inconnu à l'Europe occidentale avant la découverte de l'Amérique, et cette plante, qui formait chez les Mexicains un des plus importants produits agricoles, a prospéré depuis sous différentes latitudes. L'agavé d'Amérique, si commun dans le Yucatan, s'est multiplié sur tout le littoral de la Méditerranée et a fleuri parfois sous le climat de Paris. Le tabac, que Christophe Colomb rapporta de l'île de Cuba, est devenu une plante tout à fait cosmopolite.

Ainsi les plantes s'acclimatent comme les animaux, et de l'acclimatation, favorisée par la culture, elles peuvent passer à la naturalisation, bien qu'en réalité cette dernière condition n'ait pas lieu pour elles d'une manière complète, comme je l'ai déjà observé. Pour qu'un arbre, un arbuste, une plante, étrangers à nos climats, se naturalisent sur notre sol, dans le sens que je l'entends ici, il faut que dans leur développement graduel, ils puissent passer par toutes les phases de la vie végétale, c'est-à-dire de l'accroissement successif de la tige et du développement des rameaux à la floraison, puis de la fécondation des fleurs à la maturité des graines, et enfin à la germination, après qu'on les aura semées.

Lorsqu'on veut acclimater une plante pour la naturaliser, il ne s'agit pas seulement de l'habituer à la température du lieu où on l'a transplantée, car l'acclimatation se bornerait alors à la conservation de l'individu, dont la mort, plus ou moins retardée, nous entraînerait à de nouveaux essais de culture; il faut forcer la plante à se prêter à tous nos besoins, à toutes nos exigences, afin d'arriver à la multiplication de l'espèce par la reproduction naturelle ou artificielle; naturelle, si le végétal acclimaté donne des graines fécondes; artificielle, si l'on ne peut le reproduire que par drageons, par greffe ou par les autres moyens que l'horticulture enseigne et que l'expérience a consacrés. Alors les changements opérés par la culture produisent des variétés qui s'accommodent mieux au climat; de nouvelles races sont acquises au sol, et la conquête est aussi complète pour ces plantes naturalisées, que celle des animaux domestiques; car la naturalisation par la culture, c'est la *domestication des plantes*, c'est-à-dire l'état de sociabilité et de dépendance auquel l'homme les soumet en les plaçant dans des conditions d'existence en rapport avec celles dans lesquelles il vit lui-même. Pour s'approprier une race d'animaux utiles, il faut que l'espèce puisse se pro-

pager dans le pays où l'on entreprend son acclimatation; mais la culture nous assure à la fois la conquête des espèces végétales par plusieurs moyens
de reproduction. C'est par eux que l'homme règne
sur la nature, qu'il la féconde à son gré et s'associe
en quelque sorte au grand œuvre de la création. A
l'intelligence des choix dont il a fait preuve, lorsqu'il a entrepris de conquérir sur la nature les végétaux qui pouvaient satisfaire ses goûts, sont dues
les plus heureuses acquisitions, et les soins persé-
vérants du cultivateur ont ensuite produit d'éton-
nantes métamorphoses. Le cerisier et le pêcher, qui
croissaient abandonnés dans les vallées montagneu-
ses de la Géorgie et de la Perse, vinrent orner le
triomphe de Lucullus, et la naturalisation de ces
précieuses espèces dans les jardins de Rome devint
une conquête plus durable que les immenses richesses rapportées d'Asie par le triomphateur; car
les maîtres du monde virent anéantir leur gloire,
la ville impériale fut ravagée, les jardins de Lucullus détruits, mais les deux arbustes, déjà propagés
dans plusieurs parties de l'Europe, perpétuèrent le
souvenir du bienfait que la civilisation romaine
transmit à d'autres générations. Le fruit du cerisier d'Orient, dont l'âpreté et l'aigreur décelaient la
nature sauvage, est devenu, grâce à la culture, un
fruit recherché par sa saveur. L'éclatante et fraîche
cerise s'est reproduite, dans ses variétés, sous la

forme la plus gracieuse; l'enveloppe dure et co-
riace de l'amygdale de Perse s'est convertie en la
molle et fondante chair de la pêche; un agréable
parfum, le velouté le plus doux, les formes et les
couleurs les plus séduisantes, ont complété la méta-
morphose pour faire de la pêche le plus beau et le
plus délicieux de nos fruits. C'est par de semblables
transformations que l'âcre prunelle de nos bois a
donné naissance à nos excellentes variétés de prunes,
que nos pommiers et nos poiriers sauvages ont donné
des produits qui rivalisent avec ceux des climats
les plus privilégiés. La plupart de nos plantes pota-
gères tirent aussi leur origine de chétives espèces
que l'œil exercé du botaniste peut seul reconnaître
pour des types originaux. Une plante à l'odeur forte,
l'*apium graveolens*, comme l'appela Linné, est devenue notre excellent céleri; le chou sauvage est
une herbe débile que nous foulons aux pieds : pourtant c'est d'elle que proviennent les choux-pommes
aux feuilles si largement développées et nos volu-
mineux choux-fleurs. La pomme de terre, dont les
produits ont été une ressource providentielle pour
tant de populations, tire son origine d'une chétive
espèce qui croît sauvage au Chili et à Montevideo.

Les conquêtes en horticulture ont donné un plus
grand nombre de résultats que celles qu'on a tentées
pour la domestication des animaux utiles, et cette
différence s'explique par les causes qui ont con-

couru au succès des tentatives. Les acquisitions en fait de végétaux étrangers ont été plus faciles, et la nature, en se montrant plus prodigue de biens par la multitude de plantes qu'elle a répandues sur le globe, nous a laissé le choix sur cette abondante variété d'espèces que nous pouvons cultiver avec avantage. Cependant, lorsqu'on réfléchit à toutes les ressources que nous présentaient ces facilités, on est forcé de reconnaître que nous avons négligé, non-seulement la plus grande partie des richesses que nous pouvions acquérir, mais encore que nous n'avons pas su mettre à profit celles que nous avions à notre disposition, et pour ainsi dire sous la main.

Pour les plantes que nous pouvons utiliser, comme pour les animaux domestiques, il nous reste beaucoup à faire, et les acquisitions dans cette classe nous intéressent au plus haut point; je les divise en deux catégories :

1° Les végétaux qu'on peut encore conquérir sur la nature sauvage, pour les acclimater sur notre sol, et les naturaliser en les multipliant par la culture;

2° Ceux déjà cultivés dans plusieurs contrées dont la température est analogue à notre climat, et qu'il nous importe de posséder.

Il est en outre des acquisitions plus faciles, et qu'il faudrait propager : je veux parler d'un grand nombre d'arbres exotiques, qu'on cultive en France et qu'on ne multiplie pas, soit que les jardiniers pépiniéristes y trouvent leur compte, ou que les amateurs qui les ont acquis mettent une puérile ostentation à ne les montrer que comme des raretés. Quand un riche horticulteur ou un de ces grands propriétaires, qui se disent agronomes, parle des arbres étrangers qui décorent son jardin ou ombragent son parc, il dit : *mon chêne d'Amérique*, *mon pin du Canada*, *mon cyprès du Mexique*, *mon araucaria du Chili*, mais jamais mon massif, mon bosquet, ma forêt, car l'expression collective supposerait l'agroupement de plusieurs arbres de la même espèce, et c'est précisément ce qu'on ne voit pas, ou du moins bien rarement. Le pépiniériste débite en masse les arbres et les arbustes vulgaires qu'il a multipliés par semis; s'il est chargé d'une plantation, il choisit entre huit ou dix espèces consacrées, des platanes, des frênes, des marronniers, des ormes surtout, toujours des ormes ! Il a bien en réserve, dans son jardin, quelques pieds d'arbres étrangers, mais ces échantillons qu'il cultive avec soin et qu'il montre avec orgueil pour donner du renom à son établissement, il ne s'en dessaisit que pour ses meilleures pratiques, et la routine continue invariablement sa marche accoutumée. Cet égoïsme spéculatif, qui a passé du jardinier à l'amateur, de cultiver des arbres isolés d'une espèce rare, et de les conserver dans cet état d'isolement, est des plus préjudiciable aux progrès de l'horticulture et des grandes entreprises agricoles. Les hommes éclairés, que guidait une pensée généreuse, n'ont été compris qu'à demi : ils avaient bien indiqué les arbres étrangers qu'il était avantageux de multiplier en France, mais ce n'est que de loin en loin que l'on peut admirer sur notre sol quelques-uns de ces représentants de la végétation exotique. Relégués dans les parcs ou séquestrés dans les jardins, ces arbres vieillissent solitaires, et leur superbe développement, la majesté de leur port, la beauté et le luxe de leur feuillage nous font encore plus regretter de ne pas voir, groupés autour d'eux, les autres enfants de leur race.

Hâtons-nous donc de commencer des essais plus fructueux pour posséder ces familles de frênes, d'érables, de noyers, de tilleuls, de peupliers, de pins et de chênes d'Amérique, qui peuvent toutes s'acclimater sur notre sol. Leur constitution originaire se soutiendra ou s'améliorera par la culture, et des semis de leurs graines naîtront de bonnes variétés qui se prêteront mieux à la naturalisation. Les avantages qui résulteront de l'acclimatation des meilleures espèces d'arbres tirées des contrées étrangères ne doivent pas seulement être considérés sous le point de vue de l'embellissement de nos parcs, de

nos promenades publiques ou des jardins particu-
liers, mais aussi sous le rapport de la prompte régénération des forêts nationales et de nos montagnes
dépouillées. Pour atteindre ce but, sans contredit
le plus désirable, il faut procéder sur une vaste
échelle, entreprendre des semis considérables, afin
d'arriver à une grande propagation. De l'observation
du développement journalier et comparé des différentes espèces cultivées en pépinière, ressortiront
des données précieuses sur le choix de celles qui
conviendront de préférence. L'horticulture, qui
fournit à la terre ce qui lui manque pour nourrir
les plantes exotiques, et à ces plantes elles-mêmes
la force dont elles ont besoin pour vivre dans nos
climats, nous dirigera dans nos travaux. Les friches
délaissées, les landes arides, les montagnes dévastées
se peupleront d'arbres verts. Conquérante paisible,
l'horticulture soumettra, par ses bienfaits, la terre
qu'elle aura touchée de sa baguette magique ; une
multitude de végétaux utiles et agréables, que la
nature a refusés au sol, viendront augmenter nos
richesses, et l'agriculture, cette grande nourrice du
genre humain, en s'associant à ces conquêtes, en
multipliera les produits dans l'immense laboratoire
où se préparent les éléments de tant d'industries.

Mais ce n'est pas assez de s'enrichir, il faut pouvoir
conserver. Les végétaux exotiques, dans leur trans-
plantation, se trouvent placés dans des conditions

forcées, exposés à des actions imprévues; il convient donc de les soumettre à une étude qui apprenne à les garantir des causes qui pourront leur nuire; il faut commencer par les habituer au climat, avant de songer à les utiliser. De là l'importance des essais et des études qui, selon l'observation d'un habile agronome, doivent avoir pour base l'appréciation des températures comparées et d'autres analogies physiques, tendant à déterminer les relations générales du climat de la plante, et les modifications particulières qu'il est possible de créer ou de saisir pour les mettre en harmonie. Or, des essais et des études de cette nature ne sauraient se faire avec fruit que dans un établissement spécial, créé à cet effet; car il ne suffit pas d'offrir à cette foule de végétaux étrangers, introduits et imparfaitement observés, l'hospitalité du sol, il faut encore leur rendre l'équivalent de la latitude, de l'exposition, de l'élévation de toutes les influences protectrices du pays natal. La théorie de l'acclimatation repose tout entière sur la connaissance des circonstances dans lesquelles chaque plante végète sur le sol où la nature la fit naître. Dès qu'une plante exotique, transplantée dans un autre climat, est soumise à la culture, il dépend de l'homme de la conserver, alors même que la température du lieu où il veut la propager présente quelque différence avec celle de la contrée d'où l'espèce est originaire. Il est toujours,

en horticulture, des moyens de préserver les végétaux qui réclament nos soins des premières impres-
sions d'une chaleur trop forte, d'un climat trop
froid, ou trop humide. Ce qu'on doit chercher avant
tout, c'est d'obtenir la propagation, afin d'assurer
la conservation de l'espèce. La multiplication par
semis donnera lieu à des races qui présenteront,
dans leurs modifications organiques, les conditions
nécessaires pour se naturaliser complétement, c'est-
à-dire pour vivre et fructifier sur le sol où peut-être
nous n'aurions pu conserver l'espèce originaire. Ces
races n'auront plus rien à redouter alors de la température, et s'identifieront avec notre végétation.
Mais, quelquefois, la nature ne se prête à ces modifications que dans certains climats, d'où il faut tirer
ses nouveaux produits. Ainsi, des arbres étrangers,
qu'on tente vainement de soumettre à la culture,
réussissent ensuite à souhait, lorsqu'on les plante
de graines provenant de variétés obtenues dans
d'autres pays. Nous ne possédons pas en France la
race d'olivier qui s'accommode le mieux aux brus-
ques changements de la température, et tous nos
soins et nos efforts ne peuvent soustraire cet arbre
précieux aux chances de ces hivers désastreux, qui,
dans une nuit, dans quelques heures, anéantissent
nos plus belles espérances. La variété d'olivier cultivée en Crimée est bien moins sensible au froid
que la nôtre, car elle supporte les plus fortes gelées,

tandis que les plants tirés de la Provence périssent jusqu'à la racine [1].

De toutes les contrées de la France, la Provence est cependant la plus privilégiée sous le rapport du climat; si l'olivier n'y prospère pas comme en Crimée, en Espagne, en Italie, en Grèce, plusieurs végétaux d'origine étrangère, et qu'on acclimaterait difficilement ailleurs, s'y sont presque naturalisés. Par sa position géographique, par la diversité du sol et des expositions, la Provence réunit les plus précieux avantages, et se trouve placée dans les conditions les plus favorables à l'acclimatation des plantes. Dans ses vallées pittoresques, sur ses coteaux maritimes, au sein des fertiles plaines qu'arrosent la Durance, le Rhône et le Var, une foule d'arbres et d'arbustes exotiques pourraient étaler leur feuillage et donner de bons fruits. Ces montagnes mêmes, qu'une trop fatale imprévoyance a dépouillées de leurs plus beaux ornements, ces gorges profondes que les torrents ont creusées, ces rochers sourcilleux où ne végètent plus que des plantes aromatiques incessamment dévorées par les chèvres, toutes ces crêtes dévastées, toutes ces masses puissantes de

---

[1] Ces faits peuvent faire croire, jusqu'à un certain point, à la transmigration et à la naturalisation progressive des plantes des régions chaudes dans les parties centrales de la zone tempérée, en acclimatant successivement, dans les pays plus froids, les races les plus robustes parmi les variétés cultivées.

calcaire, tous ces terrains aujourd'hui frappés de mort, et recouverts jadis par les forêts sacrées que protégeaient des lois saintes, pourraient encore être rendus à la vie, à la fertilité.

Mais pour arriver à cette régénération, il faut une impulsion forte et soutenue, une direction habile, des moyens d'action efficaces et le concours des hommes qui ont confiance dans l'avenir. Je le répète, ce ne sera que dans un établissement spécial qu'on pourra réunir les éléments et les meilleures essences des grandes plantations. Une pépinière centrale est de première nécessité; et à cet égard, il convient de prendre pour modèle ces grandes *Nurseries* d'Écosse, qui fournissent à l'Angleterre et aux régions continentales du nord, des plants d'arbres forestiers par milliers, et à des prix que l'excessive activité de la multiplication a rendus des plus modiques. En France, où les fonds de terre en propriétés privées ou communales, qui seraient susceptibles d'être plantés en bois, se comptent encore par milliers d'hectares, c'est aussi par milliers qu'il faut offrir aux propriétaires, aux communes, et à des prix encourageants, les plants de tous les arbres qui peuvent régénérer nos terres incultes. La société d'agriculture de la Haute-Écosse décerne des médailles d'or de grand module aux pépiniéristes et aux cultivateurs qui élèvent et vendent dans l'espace de trois ans, pour être replantés, la quantité de trois millions au moins

2

de plants du pin sylvestre, provenant de graines récoltées dans les forêts de la Norvége, et du mélése du Tyrol. On voit par là quelle importance les cultivateurs anglais attachent à l'origine des graines dont ils veulent former leurs semis, et combien est grande l'impulsion que les sociétés d'agriculture de ce pays savent donner aux plantations. L'Angleterre, il faut l'avouer, est la contrée de l'Europe où les grands propriétaires ont le mieux compris l'économie forestière, cette branche si importante de l'agriculture. Les belles forêts qui couvrent la Haute-Écosse ne sont pas bien anciennes [1] : un des ducs d'Athol fut le premier qui fit planter des arbres sur les terres qu'il possédait dans cette région montagneuse; c'étaient des mélèses dont on avait fait venir les graines d'Italie. Cette espèce était alors si peu connue en Angleterre, qu'on tint longtemps en serre les douze premiers plants obtenus par semis ; mais bientôt ils acquirent de telles dimensions qu'on se décida à en sacrifier six, qui, à tout risque, furent mis en pleine terre. Combien de plantes, que nous laissons encore aujourd'hui confinées dans l'orangerie, ne demandent qu'à en sortir, pour s'accroître et fructifier en plein air ! Quoi qu'il en soit, le développement des jeunes arbres dont il s'agit fut extrê-

[1] Le célèbre Samuel Johnson, poète et lexicographe, assure que de son temps, il n'existait pas dans les montagnes d'Écosse, un arbre plus gros que le bâton qu'il portait d'habitude.

mement rapide; et les six qu'on croyait avoir sacri-
fiés donnèrent d'excellentes graines qui propagèrent
l'espéce dans toute la contrée. Telle fut l'origine
des grandes plantations du duc d'Athol; elles réus-
sirent complétement, et fournirent du bois pour la
construction de plusieurs bâtiments de guerre, parmi
lesquels on compte une frégate de premier rang, à
laquelle l'amirauté fit donner le nom de l'*Athol*.

Ce qui s'est effectué en Écosse, pour le repeu-
plement des forêts, peut s'opérer chez nous. Il est
aussi en France de beaux exemples à imiter, et j'en
citerai un qui servira à prouver tout ce qu'on doit
attendre de la persévérance de l'homme, secondée
par une nature propice. La montagne de Saint-
Martin-le-Pauvre, située dans le département de
l'Oise, près de Thury, n'offrait, il y a moins d'un
demi-siècle, que des roches de grès; il n'y croissait
pas un arbre, tout avait été ravagé, et les bruyères
seules avaient remplacé l'ancienne végétation. Depuis une quinzaine d'années, cette montagne aride
et nue s'est couverte d'une forêt d'arbres exotiques
plantés par les soins d'un habile agronome. Une réus-
site des plus complètes a couronné les travaux de
M. Héricart de Thury, qui commença ses plantations
vers 1790. Toutes les difficultés que lui avait opposées
la nature du terrain ont été vaincues, et le succès a
dépassé son attente. Les bois ont acquis la plus
belle croissance; ils rapportent déjà un revenu con-

sidérable au propriétaire, et fournissent d'abondantes récoltes de graines à tous les pépiniéristes des environs. Le savant naturaliste Bosc, qui visita les lieux peu de temps avant sa mort, ne se lassait pas d'admirer ces superbes futaies de pins d'Amérique et d'arbres de toute espèce qui lui rappelaient celles qu'il avait tant de fois parcourues dans son exil. La montagne de Saint-Martin-le-Pauvre, régénérée par cette végétation presque toute exotique, a été signalée à M. le Ministre de l'agriculture et du commerce, dans une assemblée générale de la Société d'agriculture de Paris, comme une des plus belles, des plus grandes et des plus importantes améliorations qui aient été faites en ce genre.

Les arbres forestiers de l'Amérique septentrionale constituent la meilleure essence d'un bon système de plantation, et leur mélange avec nos arbres indigènes produit de très-beaux effets dans la formation des grands massifs. L'horticulture tire aussi d'excellentes ressources d'une foule d'arbustes étrangers employés à la décoration des jardins. Les arbres exotiques, qu'on peut cultiver dans nos climats, poussent en général plus tard que les nôtres, et prolongent nos automnes par le réjouissant aspect de leur feuillage et de leurs fleurs. Il en est dont la verdure persistante embellit nos hivers du charme de la végétation.

Je n'ai pas l'intention de dresser ici le catalogue

des espèces qu'on peut acclimater en France, il me suffira d'en indiquer quelques-unes déjà introduites, et qu'il serait avantageux de multiplier.

Le *Chêne châtaignier* [1] de l'Amérique du nord, qui croît dans les terrains pierreux; arbre précieux par la supériorité de son écorce dans le tannage des cuirs, et qui a très-bien réussi aux environs de la capitale.

Le *Chêne quercitron* [2], si remarquable par la hauteur à laquelle il parvient, par la rapidité de son accroissement, même dans un mauvais terrain et dans les expositions les plus froides; par les qualités de son écorce abondante en tanin, et qui contient en outre, dans sa partie cellulaire, la substance tinctoriale, si estimée, connue sous le nom de *Quercitron*.

Le *Chêne à poteaux* [3] croît également dans les terrains maigres et secs; on le multiplie aisément. Le *Chêne rouge* [4] peut résister à de grands froids, et atteint jusqu'à 80 pieds d'élévation; son écorce et son bois ne sont pas moins utiles. Enfin le *Chêne à gros glands* [5] et à larges feuilles se recommande aussi comme arbre forestier. Toutes ces belles

[1] Quercus montana.
[2] Quercus tinctoria.
[3] Quercus obtusifolia.
[4] Quercus rubra.
[5] Quercus macrocarpa.

espèces américaines peuvent se propager sur notre sol, soit par semis, soit en les greffant sur nos chênes d'Europe.

Le *Cyprès chauve* du Mexique [1] est aussi un arbre qu'on ne doit pas négliger, car il peut s'élever en vingt ans jusqu'à 50 pieds de hauteur. Cette espèce se fait remarquer par l'élégance de son feuillage et la bonté de son bois.

Le *Peuplier de la Caroline* [2] atteint en peu d'années à la hauteur de plus de 100 pieds et acquiert une grosseur proportionnelle; ajoutons à cette espèce celle du Canada [3], qui, sans arriver à d'aussi grandes dimensions, ne croît pas avec moins de force, et celle de la Virginie, qui réussit bien partout.

N'oublions pas non plus les *Noyers noirs et cendrés* [4] qui viennent plus beaux que nos Noyers d'Europe, dont la croissance est plus rapide et le bois plus estimé. Il est en outre parmi les arbres américains beaucoup d'espèces de Frênes, d'Érables, de Tilleuls, de Tulipiers, de Pins et d'autres encore qui conviennent parfaitement à notre climat. Les pins surtout méritent une attention particulière. On sait le succès qu'a déjà obtenu en France l'em-

---

[1] Cupressus (*Schubertia*) disticha.
[2] Populus monilifera.
[3] Populus grandidentata et tremuloides.
[4] Juglans nigra et cinerea.

ploi des arbres résineux dans les terres vagues et les landes couvertes de bruyères : les profits que l'on a tirés de ces plantations ont amplement compensé les dépenses. Le *Pin maritime de l'Amérique du nord* [1] est celui qui réussit le mieux dans les terres incultes où les bois feuillus ne trouvent pas assez d'humus. Encore peu répandu, même parmi les amateurs d'arbres étrangers, cette espèce américaine, si abondante dans la partie méridionale des États de l'Union, se plaît sur un sol sablonneux ; la hauteur à laquelle elle parvient, le développement régulier de sa tige, la beauté de son feuillage ne la rendent pas moins appréciable que l'excellente qualité de son bois, dont la texture est fine et serrée, et qui fournit de la résine en grande abondance. Les plantations de Pins de cette espèce, qui ont été faites dans les environs de Paris, ont bravé les hivers les plus rudes : il conviendrait donc de les multiplier, car elles présentent de grands avantages sous le rapport des produits.

Quant aux simples arbustes d'ornement, aux belles plantes de jardin, et en général à toutes les

---

[1] Je désigne ce pin d'après le nom que lui a donné Michaux. C'est l'espèce connue aujourd'hui des botanistes sous la dénomination de *Pinus australis* et qu'on avait faussement appelée *Pinus palustris,* pin des marais. Notre pin maritime (*P. maritima*), qui croît dans nos contrées méridionales, est très-inférieur à l'espèce américaine sous le rapport de la qualité du bois et du développement de la tige.

espèces d'utilité et de luxe dont notre horticulture pourrait s'emparer, de nombreux exemples d'acclimatation nous assurent de nouvelles conquêtes. Ne voyons-nous pas prospérer dans plusieurs vallées maritimes du littoral de la Méditerranée l'Acacia de Farnèse (*la Cassie*), le Goyavier, le Citronnier, l'Oranger, le Datura du Chili, le Caracole des Indes, le Dattier d'Afrique, le Néflier du Japon? Les avantages que retire l'industrie séricicole de la culture du Mûrier de la Chine, si bien naturalisé en France, et de l'espèce que Perottet a apportée des îles Philippines [1], nous disent assez tout ce qu'ajouteraient à nos produits les végétaux utiles que nous pourrions tirer des contrées intérieures de l'Asie. Que d'importantes acquisitions il y aurait à faire aussi dans ces régions lointaines, antipodes de nos climats; dans l'Australie et la Tasmanie, où croissent tant de beaux arbres; dans la Nouvelle-Zélande, surtout, qui fournit ce chanvre indestructible [2] que Labillardière signala le premier à l'industrie euro-

[1] C'est aux Philippines que Perottet a pu se procurer le mûrier multicaule. Cette intéressante espèce, originaire des parties élevées de la Chine, s'est répandue dans les plaines basses qui avoisinent la mer. On la cultive maintenant dans toutes les contrées du Céleste Empire, où l'éducation des vers à soie fait l'objet d'un commerce important. Elle a été importée à Manille par les Chinois de Canton; transportée en Europe et successivement introduite dans nos colonies, on l'a propagée en France, en Italie, à Alger, au Sénégal, à Bourbon, à Cayenne et aux Antilles.

[2] Phormium tenax.

péenne, et cet épinard monstrueux [1] qui résiste aux plus fortes chaleurs et végète dans les terrains les plus secs! Plante potagère des plus précieuse, l'Épinard de la Nouvelle-Zélande, introduit récemment en Angleterre, abonde déjà dans les marchés de Londres et constitue un aliment préférable à l'Épinard commun.

On a négligé d'excellentes variétés de fruits et de légumes dont pouvaient s'enrichir nos cultures; des voyageurs pleins de zèle, des hommes éclairés ont indiqué un grand nombre de végétaux utiles qu'on laisse languir dans les jardins botaniques au lieu de les multiplier. Le mépris de beaucoup de praticiens pour l'instruction transmise par les livres, et l'embarras qu'éprouvent les propriétaires de se procurer des jardiniers dont les connaissances s'élèvent un peu au-dessus de la commune pratique, sont les principaux motifs de cette négligence. Ainsi, un art dont chaque progrès serait marqué par un bienfait nouveau, reste abandonné à l'ignorance et à la routine. Espérons toutefois qu'on finira par comprendre tout ce que notre sol peut fournir de produits variés par l'acclimatation et la naturalisation des plantes étrangères. Encouragés par la libéralité du gouvernement et soutenus par le concours des amis du pays, les progrès des cultures doivent suivre le mouvement industriel que réclament des be-

---

[1] Tetragonia expansa.

soins nouveaux ; car ces progrès se rattachent à ceux de notre civilisation, ils s'étendent par les ressources des établissements horticoles, d'où ils tirent leurs éléments, et se propagent par l'exemple des bonnes méthodes.

CONSIDÉRATIONS

DOMESTICATION DES ANINAUX.

En élevant autour de lui les animaux et les plantes qu'il pouvait utiliser, en propageant leur race, l'homme a multiplié ses ressources ; il s'est assuré les biens les plus durables, et ces pacifiques conquêtes ont témoigné de sa puissance sur les autres êtres de la création.

Considérés sous ce point de vue, les animaux domestiques soustraits à l'état sauvage, aussi bien que les plantes cultivées, sont, selon l'expression d'un naturaliste, de *véritables ouvrages de l'homme*. En s'appropriant des espèces utiles à son industrie, à ses besoins ou à ses plaisirs, l'homme en effet a créé pour elles des conditions d'existence très-différentes de celles de la vie primitive ; les organisations une fois en harmonie avec les climats et les habitudes nouvelles, d'heureux changements se sont opérés sous l'influence de la domesticité et de la culture, et ces modifications se sont perpétuées en se reproduisant dans les races issues des premiers acclimatements.

Les résultats obtenus par la persévérance de l'homme ne sont pas moins admirables que l'intelligence dont il a fait preuve dans le choix de ses conquêtes. En soumettant à son joug le cheval, le taureau, la brebis, la génisse et tant d'autres animaux tels que nous les voyons aujourd'hui, il a développé en eux d'autres instincts, les a associés à son existence, les a répandus en tous lieux, en les faisant marcher à sa suite, dans ses différentes migrations, comme les esclaves de ses triomphes.

Mais ces utiles acquisitions, ces pacifiques conquêtes datent toutes d'époques très-reculées, et ce que j'ai dit de l'ancienneté des premières conquêtes de l'homme sur la nature sauvage, lorsqu'il soumit à la culture les plantes qu'il voulait utiliser, s'applique aussi aux animaux. L'histoire des premières tentatives pour soumettre à la domesticité les espèces que les plus anciennes annales nous montrent dans cet état, nous est entièrement inconnue; si nous avions des données pour l'écrire, elle formerait le livre le plus précieux par les enseignements qu'on pourrait en tirer. « Avant toutes ces » histoires partielles des peuples et des empires (a· » dit l'éloquent professeur dont je reproduis ici la » pensée) il est une histoire bien plus grande, bien

» plus philosophique encore : histoire de luttes
» toutes pacifiques et toujours fécondes, dont le
» théâtre est le globe terrestre, et le héros, l'homme
» de tous les pays et de tous les temps. C'est celle
» des développements graduels de la puissance hu-
» maine et de cette suite séculaire de progrès par
» lesquels notre espèce confondue à l'origine dans
» le sein de la création, comme une humble partie
» dans un vaste ensemble, s'est faite finalement la
» dominatrice de tout ce qui l'entoure et la pre-
» mière après Dieu[1]. »

En effet, comme l'observe le savant naturaliste,
ployant et soumettant partout l'ordre primitif à la
loi de ses besoins, de sa volonté, de ses désirs,
l'homme a tout changé sur la terre; une création
nouvelle est sortie des conceptions de son intelligence et des efforts de son industrie. Pour ne parler ici que des animaux dont il s'est rendu maître,
organisation, instincts, habitudes, patrie, il a tout
modifié chez les espèces domestiques; et si l'on con-
sidère jusqu'où peut s'étendre le pouvoir illimité
qu'il exerce sur tout ce qui l'entoure, si, poursuivant
à son tour l'œuvre des âges passés, notre génération,
qui a tout reçu de celles qui l'ont précédée, entreprend la noble tâche d'ajouter quelque chose à l'hé-

---

[1] M. I. Geoffroy Saint-Hilaire, *Essais de Zoologie générale*. Voy. Nouvelles suites a Bufeon. Suppl., p. 250.

ritage de bienfaits qu'elle doit transmettre aux générations à venir, quelle gloire ne doit-elle pas se
promettre d'une entreprise si grande par elle-même,
si importante par ses résultats!

Dans cette lutte engagée avec la nature, l'homme
nous apparaît dans toute sa souveraineté; c'est dans
la soumission des espèces sauvages qu'il faut admirer sa puissance. N'est-ce pas lui qui du Bouque-
tin et du Mouflon a fait la chèvre et la brebis, du
Chacal et du Loup le chien et ses différentes races,
du farouche Onagre l'âne si patient et si pacifique,
du Cheval sauvage le plus noble des animaux soumis à la domesticité! Si ces précieuses espèces
étaient aujourd'hui à l'état primitif, de pareilles
transformations ne nous sembleraient-elles pas des
chimères! et pourrions-nous espérer qu'il surgît
parmi nous un esprit assez hardi qui osât les tenter!
Cependant, malgré les faits accomplis et les nombreux exemples que nous avons sous les yeux, la
civilisation si avancée des peuples modernes n'a
repris qu'à de longs intervalles des travaux aussi importants, et c'est à peine si l'on peut citer quelques
animaux, véritablement utiles, réduits à l'état do-
mestique, depuis les temps anciens. La dernière
conquête en ce genre a été celle du Dindon, que
l'on attribue aux jésuites, et depuis l'introduction
assez récente de cet oiseau américain, dont l'espèce
sauvage habite encore les forêts du Missouri, au-

cun oiseau utile, parmi le grand nombre de ceux qui existent, n'est venu peupler nos basses-cours. Cependant il est d'autres acquisitions importantes à faire, et les avantages qu'elles promettent seraient faciles à obtenir. Les espèces soumises à la domesticité s'élèvent à peine à une quarantaine et ne composent pas la vingtième partie de celles auxquelles nous pourrions demander différents genres de services.

Parmi les nouvelles acquisitions qu'on doit désirer, je distingue d'abord les animaux domestiques que possèdent déjà d'autres pays et qui n'ont pas encore été introduits chez nous, ensuite les espèces sauvages qu'on pourrait domestiquer et dont la possession nous serait utile, soit comme animaux auxiliaires ou alimentaires, soit pour fournir seulement des matières premières à notre industrie.

C'est principalement dans les mêmes classes d'où l'on a tiré les espèces domestiques que nous possédons, qu'il faudrait prendre celles que la nature nous a réservées. Nous trouverons là des animaux herbivores, faciles à dompter, à nourrir et à propager ; nous n'aurons pas à lutter contre une nature indocile, car ces espèces, déjà sociables à l'état sauvage, se laissent captiver par les bienfaits, distinguent ceux qui les soignent et s'y attachent autant par habitude que par nécessité.

Bien que certains animaux captifs, ou apprivoisés au point de les laisser libres, puissent égaler, par les services qu'ils nous rendent ou les profits qu'ils nous donnent, ceux qui sont devenus tout à fait domestiques, une différence capitale les sépare encore de ces derniers. C'est l'impossibilité où nous sommes de les multiplier, car ce n'est pas assez pour nous de posséder des individus en plus ou moins grand nombre, enlevés isolément à la vie sauvage, c'est une suite d'individus issus les uns des autres qu'il nous faut, c'est une *race*, car elle seule vient compléter l'œuvre de la domestication, cette clef du pouvoir de l'homme sur la nature animée. « Si l'action des hommes (dit F. Cuvier) » s'était bornée aux individus, s'il eût fallu sur cha- » que génération recommencer le même travail, » nous n'aurions point obtenu d'animaux domesti- » ques; mais heureusement les modifications qu'on » a fait éprouver aux premiers animaux soumis, » n'ont pas été perdues pour ceux de leurs espèces » qui leur ont dû l'existence. » En effet, les chan- gements organiques opérés d'abord sur quelques individus apprivoisés, se sont transmis par la gé- nération, et cette observation nous montre de quelle manière nous devons agir, si, animés d'une pensée généreuse, nous voulons que nos conquêtes soient durables et transmissibles à ceux qui viendront après nous. De simples essais d'apprivoisement sans propagation ne nous donneraient que des résultats temporaires, que nous ne pourrions renouveler que par l'emploi répété des mêmes moyens; car la mort diminuant de jour en jour le nombre d'individus soumis, nous serions contraints de nous faire de nouveaux esclaves pour réparer nos pertes.

La domestication d'une espèce n'est donc pas seulement sa conquête une fois accomplie au profit de ceux qui l'ont réalisée, c'est, comme on le voit, la possession transmise par un peuple à tous les autres. Dès l'instant qu'on s'est rendu maître d'une race, on a le pouvoir de la multiplier indéfiniment et partout. La transmission perpétuée d'une première modification, l'habitude devenue un besoin, un instinct, tel est le merveilleux résultat de l'acquisition de la race. Alors seulement la domestication est complète, la conquête est assurée, durable, illimitée.

Un mot maintenant sur les conditions nécessaires à la domestication. Pour qu'une espèce soit facile à domestiquer, il faut qu'elle soit facile à multiplier. Parmi les quadrupèdes herbivores la plupart réunissent cette importante condition; les femelles sont plus nombreuses que les mâles et ceux-ci sont plus forts, plus vigoureux, doués d'une ardeur et d'une puissance génératrice qui leur permet de satisfaire plusieurs de leurs compagnes. Parmi les oiseaux, la même condition existe et à un degré très-supérieur dans certaines familles. La multiplication des Gallinacés et des Palmipèdes, par exemple, est plus rapide et plus nombreuse que chez beaucoup d'autres espèces ; leurs petits éclosent dans un état de développement tellement avancé qu'ils peuvent marcher, prendre leur nourriture et presque se passer des soins maternels.

Une disposition particulière est absolument indispensable pour que les animaux se soumettent à l'homme et se fassent un besoin de sa protection. Cette disposition est l'instinct de la sociabilité. L'observation nous démontre que toutes nos espèces domestiques dont les types primitifs existent encore à l'état sauvage, vivent en troupes plus ou moins nombreuses, tandis qu'aucune espèce solitaire dans l'état de nature, quelque facile qu'elle soit à apprivoiser, n'a jamais donné de races domestiques. Ainsi, lorsque l'homme s'est attaché des animaux d'une espèce sociable, il n'a fait que développer à son profit leur penchant naturel, c'est-à-dire, cette disposition à vivre en troupe, à s'attacher les uns aux autres et à se laisser diriger par un conducteur.

Entre tous les animaux sociables qu'il reste à conquérir, c'est principalement parmi les Ruminants, les Solipèdes, les Gallinacés et les Palmipèdes que nous trouverons le plus grand nombre et les meilleures races domestiques. Les Ruminants et les Gallinacés méritent surtout la préférence par l'excellence de leur chair, de leur lait ou de leurs œufs. Des Ruminants et des Solipédes proviennent ces races précieuses qui, une fois soumises, multiplient nos forces en s'associant à nos travaux.

Parmi les espèces de Ruminants, encore à l'état d'indépendance, qu'il importerait le plus de s'approprier, je citerai spécialement les Antilopes, dont la chair est saine et agréable au goût; le Bison d'Amérique, qui paraît plus facile à dompter que l'Aurochs; la Vigogne, qui s'acclimaterait probablement dans nos Alpes et nos Pyrénées et qu'on utiliserait sans doute à cause de son poil si doux et si fin.

La domestication de l'Hémione, du Zèbre, du Dauw et du Coccagga serait aussi à tenter. Après les races issues du Cheval et de l'Ane, observe le naturaliste auquel j'emprunte ces indications [1], il est encore des résultats importants à espérer de la conquête des autres Solipèdes; et si l'on tient compte des variétés hybrides qu'on a obtenues, de pareils produits résulteront sans doute de semblables croisements. Lorsqu'on voit ces races chevalines, si différentes par la taille, les proportions, les formes, l'agilité, la force et l'intelligence, employées selon les localités aux besoins de l'homme, que ne doit-on pas attendre des races issues soit de l'Hémione d'Asie, soit des autres Solipédes d'Afrique que l'on soumettra aux influences du climat, ce grand réac-

---

[1] M. I. Geoffroy Saint-Hilaire, *op. cit.*

tif de l'organisme! Ce sont ces influences modifica-
trices, combinées avec le régime alimentaire et les
habitudes de la vie, qui ont agi d'une manière si
prononcée sur les espèces domestiques. Malgré les
animaux auxiliaires que nous possédons déjà, de
nouveaux emprunts faits aux régions étrangères ne
seraient pas superflus. Multiplier le nombre des
espèces domestiques, c'est multiplier et varier les
services que l'industrie, toujours croissante, peut
demander à ces animaux. Les espèces de Solipèdes
dont M. I. Geoffroy Saint-Hilaire a proposé de tenter l'asservissement nous donneraient peut-être des
races précieuses, robustes, patientes au travail,
faciles sur le choix de la nourriture, et de grandes
chances de succès semblent réservées à ces tentatives.

La domestication du Tapir d'Amérique paraît
aussi à cet intelligent naturaliste une entreprise
utile. Non moins facile à nourrir que le porc, le
Tapir est, par ses instincts naturels, éminemment
disposé à la domesticité. On l'a vu, au Jardin-des-
Plantes, à défaut de la société de ses semblables,
rechercher celle de tous les animaux placés près de
lui. La chair du Tapir, améliorée par un régime
convenable, fournirait un excellent aliment.

Les Kangurous de l'Australie, ces curieux animaux dont nous n'avons tiré encore aucun profit,
méritent également notre attention. Leur chair,

assez semblable à celle du Lièvre, est très-recherchée des colons de la Nouvelle-Hollande et se vend dans les marchés de Sydney. Leur peau pourrait être utilisée, et celle de l'espèce connue sous le nom de *Gerboïde laineux* serait employée avec avantage dans la chapellerie. Les Kangurous sont naturellement sociables et faciles à apprivoiser, l'expérience a déjà démontré qu'ils peuvent vivre et se reproduire dans nos climats; leur multiplication est rapide et nombreuse : le couple que j'ai vu, en 1832, dans la ménagerie du château royal de Stuppiniggi, près de Turin, a suffi pour peupler toutes les ménageries de l'Europe.

Parmi les oiseaux, les Gallinacés et les Palmipèdes nous offrent encore le plus d'espèces qu'il importerait de domestiquer. La plupart des conquêtes à faire dans cette classe seraient de beaux ornements pour nos basses-cours, et les races qui en proviendraient prendraient un rang distingué sur nos tables. Si l'on réfléchit aux profits que le Mans, la Bresse et d'autres contrées de la France retirent journellement du commerce des volailles, on concevra combien il serait avantageux d'obtenir, par la naturalisation des espèces étrangères, de nouvelles races qui s'accommoderaient mieux au climat des départements méridionaux, en général moins privilégiés sous le rapport des oiseaux domestiques.

Quant aux espèces que possèdent déjà d'autres

pays et qu'il serait important d'introduire chez
nous, j'en citerai deux utilement employées comme
bêtes de somme : le Chameau et le Dromadaire. Cette
dernière espèce surtout, qui rend tant de services,
est des plus appréciables. N'est-il pas étrange que
quatorze ans après la conquête d'Alger, et lorsque
notre puissance en Afrique a pris un si grand développement, on ne se soit pas plus empressé d'acclimater dans le midi de la France un animal aussi
utile? Un Dromadaire ne coûte guère plus à nourrir
qu'un Ane, le lait des femelles est une boisson douce
et rafraîchissante; on fabrique avec le poil des jeunes Chameaux des tissus estimés et propres à différents usages. Les Dromadaires ont le pied aussi sûr
que les mules et obéissent avec plus de docilité; les
difficultés du terrain n'arrêtent pas leur marche.
Connue depuis les temps bibliques, et peut-être la
plus ancienne parmi les animaux domestiques, cette
espèce s'est propagée sur une zone qui n'a pas moins
de dix-huit cents lieues d'étendue d'orient en occi-
dent. On rencontre le Dromadaire dans plusieurs
contrées d'Asie et d'Afrique très-différentes de température; les plateaux élevés de l'Abyssinie, les
montagnes de l'Atlas, les djébels de l'Arabie ne l'arrêtent pas plus que les déserts de sable. Aux îles
Canaries, où Jean de Bethencourt le transporta à
l'époque de la conquête, je l'ai vu gravir, avec une
charge de quatre cents kilog., des hauteurs de plus

de huit cents mètres et descendre par les chemins les plus scabreux. En plaine, un Dromadaire mâle peut porter jusqu'à six cent cinquante kilog.

Telles sont les importantes acquisitions qu'il nous reste à faire, soit qu'il s'agisse de l'acclimatation des races domestiques déjà existantes, soit qu'on entreprenne de soustraire à l'état sauvage les nouvelles espèces qu'on voudra asservir. On conçoit jusqu'à un certain point que les difficultés de la conquête des animaux sauvages aient pu effrayer des hommes qui n'avaient peut-être jamais réfléchi aux moyens de s'en approprier la race, mais on a peine à comprendre qu'ils aient négligé de se procurer des espèces déjà soumises à la domesticité dans les contrées étrangères. Pourtant les relations fréquentes des peuples ont amené, par le commerce, l'échange de produits que le luxe ou la mode ont fait accepter : par quelle bizarre contradiction les animaux domestiques, dont l'utilité est généralement reconnue, ont-ils été mis de côté, surtout lorsque, depuis plus d'un siècle, les occasions se sont multipliées pour en faire l'acquisition ? Dès que les grandes découvertes géographiques ont étendu les limites de ce domaine terrestre ouvert aux entreprises des nations civilisées, un monde nouveau nous a dévoilé des animaux et des plantes dont les espèces étaient restées inconnues. L'Australie, dans ses climats analogues à ceux de l'Europe, nous a montré ses forêts gigantesques sur un sol sablonneux, ses arbres au bois marqueté, ses végétaux d'un aspect si étrange, et ses animaux plus étranges encore : les Cygnes noirs, le Céréopses, les Dasyures, les Phalangers et les grands Kangurous. Combien de notions nouvelles ne devons-nous pas aux voyageurs naturalistes sur les espèces utiles qu'on rencontre dans les Pampas de l'Amérique du sud, sur les deux versants des Andes du Chili et du Pérou, dans les montagnes du Mexique et de la Californie, et au sein des immenses prairies de l'Amérique du nord ! N'avons-nous rien à demander encore aux fertiles contrées de l'Asie centrale, ce berceau des races primitives ; aux hautes vallées du Kachemir, du Lahoré, du Tibet, du Caboul ? La Chine, qui aujourd'hui ouvre cinq de ses ports au commerce du monde, pourra-t-elle nous cacher plus long-temps ses productions naturelles ? Et cette Afrique, où nous avons planté nos drapeaux, que ne nous laisse-t-elle pas espérer, si l'on comprend enfin que l'introduction des animaux et des plantes utiles, qu'on peut facilement naturaliser en France, est un des plus grands services à rendre au pays !

www.ingramcontent.com/pod-product-compliance
Lightning Source LLC
LaVergne TN
LVHW011359170726
843501LV00006B/1921